Sven Hosang

# Windkraftanlagen – Entwicklung, Aufbau, Funktion

GRIN Verlag

**Impressum:**

Copyright © 2005 GRIN Verlag GmbH
Druck und Bindung: Books on Demand GmbH, Norderstedt Germany
ISBN: 978-3-656-36338-5

**Dieses Buch bei GRIN:**

http://www.grin.com/de/e-book/67210/windkraftanlagen-entwicklung-aufbau-
funktion

# Hausarbeit

# zum Thema

# Windkraftanlagen

Erarbeitet im Rahmen des Seminars (EGTWA Kurzfach)

**Maschinenbauliche Grundlagen am Beispiel der Motorentechnik**

an der Helmut – Schmidt - Universität der Bundeswehr in Hamburg im Wintertrimester

2005

# Inhaltsverzeichnis:

## 1.0 Einführung

1.1 <u>Alternative Energiequellen</u>

Diese Arbeit soll im Folgenden aus dem Bereiche der, zur Verbrennung fossiler Brennstoffe oder atomaren Energiegewinnung alternativen, Energiequellen- bzw. Energieträgernutzer den Typ der Windkraftanlage genauer darstellen. Die Wichtigkeit der Auseinandersetzung mit dem Thema der Nutzung der natürlichen, erneuerbaren Energieträger wie Wind, Sonnenlicht und Wasserkraft, die uns quasi unbegrenzt zur Verfügung stehen, liegt in eben dieser Unbegrenztheit, die sie deutlich von den zur Neige gehenden fossilen Brennstoffen abhebt. Bedingt durch die begrenzten Ölressourcen der Erde sowie die politische Diskussion um den Ausstieg aus der Nutzung der atomaren Energie, erleben in Deutschland die Windkraftanlagen einen regelrechten Boom - innerhalb der letzten 15 Jahre hat sich die Zahl der installierten Windkraftanlagen, auch als Windenergieanlagen bezeichnet, allein im Bundesland Schleswig-Holstein von 500 auf über 2500 Stück erhöht, mit einem prognostiziertem Wachstum von 15% bis 20% pro weiterem Jahr, mit der Tendenz, 2010 50% des Energiebedarfs aus Windkraft decken zu können.[1] Fährt man heute einmal die deutsche Nordseeküste ab, so hat sich die Küstenlandschaft in den letzten 15 Jahren sehr verändert, das flache Grün ist mancherorts mit einem weißen Wald durchsetzt, den die großen Windparks darstellen, die in diesen windigen Gegenden optimalen Bedingungen ausgesetzt sind. Bevor wir uns allerdings der Frage zuwenden, wie es hat soweit kommen können und wie eine solche einzelne Windkraft- oder Windenergieanlage aufgebaut ist und funktioniert, ist es wichtig, einige grundlegende Begriffe näher zu erläutern, aus denen sich der Begriff der Windkraft- bzw. Windenergieanlage zusammenfügt, um einen Zugang zu diesem Wortgefüge und, im weiteren Text, nach einem kurzen historischen Rückblick, auch zu der Anlage an sich bekommen zu können. Werden im Allgemeinen beide zutreffenden Begriffe für die Windkraftanlage bzw. Windenergieanlage verwandt, so beschränkt sich der vorliegende Text aus Gründen der Einfachheit hauptsächlich auf den Terminus Windkraftanlage.

---

[1] Goerke, B. „Zukunft der Windenergie in Schleswig-Holstein"

1.2 <u>Begriffsdefinition „Wind"</u>

„Als Wind wird in der Meteorologie eine gerichtete Luftbewegung in der Atmosphäre bezeichnet. Winde mit Windstärken zwischen 2 und 5 haben die Bezeichnung Brise. Winde mit Windstärken zwischen 6 und 8 bezeichnet man als Wind mit den Abstufungen starker, steifer und stürmischer Wind. Bei Windstärken ab 9 spricht man von Sturm. Winde mit der Windstärke 12 bezeichnet man als Orkan. Eine heftige Luftbewegung von kurzer Dauer bezeichnet man als Bö.

Hauptursache für Winde sind Unterschiede im Luftdruck zwischen Luftmassen. Dabei fließen Luftmassen aus dem Gebiet, in dem ein höherer Luftdruck (Hochdruckgebiet) vorliegt, in das mit dem niedrigeren Luftdruck (Tiefdruckgebiet), bis der Luftdruck ausgeglichen ist. Je größer der Unterschied zwischen den Luftdrücken ist, umso heftiger strömen die Luftmassen in das Gebiet mit dem niedrigeren Luftdruck und umso stärker ist der aus der Luftbewegung resultierende Wind."[2]

„In Deutschland beträgt die durchschnittliche Windgeschwindigkeit, die standardmäßig in 10 m Höhe gemessen wird, an der Nordseeküste 6 m/s (Meter/Sekunde), während in Oberstdorf nur 1 m/s gemessen wurde (1 m/s entspricht 3,6 km/h).

Ein weiterer Einflussfaktor ist die Geländerauigkeit. Der Wind folgt in seinem Strömungsverhalten der Erdoberfläche: Hügel, Berge, Bauwerke und Wälder bewirken ein Aufsteigen des Windes. Hinter derartigen Hindernissen entstehen für Windenergieanlagen ungünstige Luftturbulenzen und Schwachwindgebiete („Lee")."[3]


1.3 <u>Begriffsdefinition Kraft</u>

„Kraft ist eine Fähigkeit, etwas zu bewirken. Als physikalischer Fachbegriff bezeichnet Kraft die Fähigkeit, Körper zu beschleunigen oder zu verformen.

Als physikalische Größe wird Kraft durch das Formelzeichen F (von frz./engl. force) bezeichnet. Ihre SI-Einheit ist das Newton (N), zu Ehren von Isaac Newton, der mit seinen Bewegungsgesetzen den modernen physikalischen Kraftbegriff schuf.

Das Wort Kraft ist altgermanischen Ursprungs; im Englischen hat craft infolge der Konkurrenz durch Altfrz. force eine eingeengte Bedeutungsentwicklung genommen. In der physikalischen Fachsprache ist Kraft spätestens im 17ten Jahrhundert mit Lat. vis, Frz. force gleichgesetzt worden (Kant: Von der wahren Schätzung der lebendigen Kräfte, 1747). Jenseits der Physik hat force im Engl. und Frz. breitere Bedeutungen als im Dt. und kann auch als Macht oder Stärke übersetzt werden (la force militaire d'un pays; la

---

[2] Wikipedia „Wind"
[3] Wissenskatalog Energie

force du vent). Das griechische Wort für Kraft, δυν..., lag der CGS-Einheit dyn zugrunde und lebt fort in Dynamik, was als physikalischer Fachbegriff die Lehre von der Bewegung unter dem Einfluss von Kräften bezeichnet."[4]


## 1.4 Begriffsdefinition Energie

„Energie E ist eine Zustandsgröße, die alle in einem physikalischen System gespeicherten Energieformen erfasst. Üblicherweise wird für die Energie das Formelzeichen E verwendet. Die Energie E eines Systems lässt sich selbst nicht messen, sie wird bestimmt mittels Berechnung oder durch die durch sie verrichtete Arbeit.

Der Begriff wurde von dem schottischen Physiker William John Macquorn Rankine im Jahr 1852 im heutigen Sinn in die Physik eingeführt und leitet sich aus dem Griechischen ab: εν = in und εργον = Werk, Arbeit. Energie ist also etwas, das in Arbeit umgewandelt werden kann. Vor 1852 wurde für die Energie der Begriff Kraft, in Deutschland auch „lebendige Kraft", benutzt."[5]


## 1.5 Begriffsdefinition „Anlage"

„Der Ausdruck Anlage bezeichnet Dinge aus sehr unterschiedlichen Bereichen:

- Im juristischen Schriftverkehr Kommentare
- Im allgemeinen Schriftverkehr einem Schriftstück Beigefügtes
- In der Technik ein Komplex aus Geräten, zum Beispiel verfahrenstechnische Anlage, Elektroanlage oder Telefonanlage

Die mittelhochdeutsche Bedeutung lautet: *Anliegen, Bitte*, aber auch: *Hinterhalt*"[6]


## 1.6 Begriffsdefinition „Generator"

„Ein Generator (v. lat. generare = hervorbringen, erzeugen bzw. generator = Züchter, Erzeuger; auch Dynamo genannt) ist in der Starkstromtechnik ein Gerät, das aus Bewegungsenergie elektrische Energie erzeugt. Eine Drehbewegung dreht in seinem Inneren eine Spule gegen ein Magnetfeld, das durch das dynamoelektrische Prinzip erregt werden kann, und erzeugt durch Induktion elektrische Spannung. Ist ein Verbraucher angeschlossen, so fließt elektrischer Strom. Der Begriff wird auch in der Elektronik verwendet und bezeichnet dort einen Signalgenerator.

---

[4] Wikipedia „Kraft"
[5] Wikipedia „Energie"
[6] Wikipedia „Anlage"

Als Erfinder des Generators gelten Wilhelm von Siemens und Ányos Jedlik, wobei letzterer bereits 6 Jahre vor Siemens das Dynamoelektrische Prinzip entdeckte, seine Erfindungen aber weitgehend unbekannt blieben."[7]

[8]

------

[7] Wikipedia, Generator
[8] Grafik – Ebd.

**Die Geschichte der Windkraftanlagen**

2.1 <u>Der Begriff der Windkraftanlage</u>

„Eine Windenergieanlage (WEA) ist ein Kraftwerk, das Windenergie in elektrischen Strom umwandelt. Im allgemeinen Sprachgebrauch hat sich jedoch die Bezeichnung Windkraftanlage (WKA) durchgesetzt. [...]

Windenergieanlagen wandeln mit Hilfe des Rotors die Windenergie in eine Drehbewegung um. In einer heutigen Windenergieanlage wird ein elektrischer Generator angetrieben, der die Drehbewegung in elektrische Energie umwandelt, die zumeist in das allgemeine Stromnetz eingespeist wird."[9]


2.2 <u>Die geschichtlichen Anfänge der Windkraftnutzung</u>

Fällt heute der im letzten Abschnitt durch ein Lexikon definierte Begriff Windkraftanlage bzw. Windenergieanlage, so erscheint vor unserem geistigen Auge ein hell gefärbter Rundturm mit einem orthogonal angebrachten Kopfstück und einem groß dimensionierten dreiblättrigen Rotor als Bild des Archetypus der Windkraftanlage, mit der selbstverständlich elektrische Energie, umgangssprachlich auch Strom, erzeugt wird. Erst bei längerem Nachdenken listete jemand vielleicht unter diesem Begriff noch den windgetriebenen Pumpbrunnen mit Wassertank auf, wie man ihn in südlichen Ländern öfter antrifft, hätte aber Schwierigkeiten, dies gleichzusetzen – ein Resultat der umgangssprachlichen Gewöhnung.

Völlig außer Acht gelassen werden in diesem Zusammenhang die ersten historisch bedeutsamen Windkraftanlagen: Die Windmühlen.

[10] Nun ist der Wunsch, „sich mit wissenschaftlicher Akribie der Geschichte der Windmühle zu nähern" nach Mathias Heymann „schwierig und ermüdend, da gute Quellen rar, weit verstreut und unvollständig sind."[11] Beschränken wir uns also kurz auf die wenigen Fakten, die uns in jedem Falle vorliegen:

Zur präindustriellen Zeit Europas galt die

---

[9] Wikipiedia, Windenergieanlage
[10] Grafik: Wissenskatalog Energie
[11] Heymann, M. Die Geschichte der Windenergienutzung, S. 19

Windmühle in vielen Nationen als eine der wichtigsten Arbeitsmaschinen; vorwiegend standen Windmühlen durch das ganze Land verteilt auf „windgünstigen Hügeln"[12] oder höheren Ebenen und fanden sich dort als Hauptantriebsquelle für viele Prozesse, Aufgaben und Gewerbe wie beispielsweise den klassischen Müller, Sägemühlen, Brunnensysteme mit Pumpmühlen und vieles mehr. Das Grundprinzip der Windmühle beinhaltete in verschiedenen Varianten, eine drehbare Plattform an welcher ein mit Tuch bespanntes oder Spließtüren (dünne Holzplatten) besetztes Flügelkreuz befestigt war, dessen winderzeugte Drehbewegung über ein mechanisches System von Rädern, Riemen und Pflöcken übertragen und somit nutzbar gemacht wurde. „Bis zum letzten Viertel des 19. Jahrhunderts […] wuchs die Zahl der Windmühlen in Deutschland"[13] noch, doch mit dem Einzug der Dampfmaschine in den industriellen Bereich und dem nun folgenden Absterben der Windmühlen in Europa begann eine Zäsur in der Geschichte der bis dato immensen Windkraftnutzung, die zum Ende der industriellen Nutzung der mechanischen Windmühlen mit Einführung des Elektromotors nach 1890 führte. 1981 bezifferte Fröde die Zahl der erhaltenen Windmühlen in Deutschland auf etwa 400 der 1882 etwa 19.500 im Deutschen Reich betriebenen.[14]

Der Siegeszug des Elektromotors und die Entdeckung des dynamoelektrischen Prinzips (Beispiel Fahrraddynamo, aus Rotation wird elektrische Energie gewonnen) durch Werner von Siemens 1867 führte zu der Idee und Konstruktion der ersten Windgeneratoren, deren renommiertester Fürsprecher unter anderem der britische Physiker „William Thompson, der spätere Lord Kelvin"[15] war, dessen Vortrag „The Sources of Energy in Nature"(sic!)[16] über die zukünftige Bedeutung von Naturkräften wie beispielsweise der Windkraft berichtete und deren Nutzungszuwachs aufgrund der Knappheit von Kohle voraussagte. Seine These gründete Thompson auf der Erfindung des Akkumulators und dessen möglicher Funktion als Pufferzelle zum Ausgleich von Spannungschwankungen des windkraftabhängigen Drehstromgenerators in einem Windgenerator, das einzige Problem seiner Meinung nach, welches uns heute auch ein bekanntes ist, lag im Preis der Anlagen.

„In Deutschland stieß der Gedanke der Stromerzeugung mit Windmotoren zunächst auf einige Skepsis"[17], erst Oberstleutnant Buchholtz fand sich 1892 aufgrund einer

---

[12] Ebd., S. 20
[13] Ebd., S.22
[14] Fröde, Windmühlen, S.82ff zit. nach Heymann, M. Die Geschichte der Windenergienutzung S.35
[15] Ebd., S.54f
[16] a.a.O
[17] Ebd., S.58.

gemessenen Konstanz der Windmessungen an der Küste bereit, Windenergie für Beleuchtungszwecke zu nutzen, die erste bedeutendere Anlage wurde allerdings erst am 10. September 1900 durch Gustav Conz, dem Besitzer der gleichnamigen „Electricitäts-Gesellschaft m.b.H." aus Eimsbüttel bei Hamburg, errichtet. Diese besaß einen 12 Meter Windraddurchmesser und lieferte bereits bei Windgeschwindigkeiten von 3 m/s per 30PS Dynamo so konstante Leistung, wie sie nicht einmal mit einer Präzisionsdampfmaschine erreicht werden konnten. Bedingt durch Erfolge wie diese, nur gehemmt von technischen Problemen deren Lösung im Zuge der wissenschaftlichen Erfolge dieser Periode nur als eine Frage der Zeit angesehen wurden, begann eine Ära der großen Pläne bezüglich der Windkraft.

## 2.3 Versuche, Pläne, Utopien 1930 – 1940

Der Fundus der Ideen und Konzepte der Kombination von Windkraft und elektrischer Energie ist gewaltig. Hunderte Wissenschaftler und Erfinder versuchten das ideale Konzept zu finden, die maximale Ausbeute der Energie des Windes zu ermöglichen. Im Folgenden wird eine kleine Auswahl gescheiterter Konzepte und Utopien ebenso beleuchtet wie die Entwicklung des schlussendlich zu unseren heutigen Anlagen führenden Typus Windkraftanlage. Beginnen wir mit den Plänen Hermann Honnefs. „Am 24. Februar berichtete der Völkische Beobachter von einem Aufsehen erregenden Vortrag am 06. Februar 1932 im Physikalischen Institut der TH Charlottenburg"[18]. Vor einem Publikum von Fachleuten und VIPs aus Politik und Wirtschaft stellt der Ingenieur Hermann Honnef derart „monströse" Pläne und Skizzen vor, die das Auditorium noch jahrelang beschäftigen sollten. Seinen Plänen zufolge hätte ganz Deutschland durch Realisierung eines Bauprojektes von 60 „Höhenwind-Kraftwerken" mit günstigem Strom versorgt werden sollen. Deren beeindruckende Ausmaße von 430m Höhe, drei Turbinen mit Durchmesser von 160 Metern und einer Gesamtleistung von 60.000 kW untermauerte er mit zahlreichen Bildern und Berechnungen, sodass ihm schließlich vom Reichsverkehrsministerium „unter Zurückstellung aller Bedenken"[19] der Bau einer kleineren Versuchsanlage genehmigt wurde. Honnef war sich sicher, dass ausschließlich Windenergieanlagen, deren Gesamtleistung hoch genug war, eine Konkurrenz für die bestehenden Kohlekraftwerke darstellen konnten. Hierzu waren seiner Meinung nach drei Vorraussetzungen zu erfüllen:

---

[18] Ebd., S.167
[19] a.a.O.

1. Der stärkere Wind in den höheren Luftschichten musste nutzbar gemacht werden.

2. Er musste einen Generator erfinden, der die Verwendung von „Rädern mit größten Abmessungen"[20] ermöglichte

3. Ein Windkraftwerk musste mehrere Windräder haben, um so ein Maximum an Leistung pro Bauwerk zu erreichen.

Die beiden Abbildungen[21] hier links zeigen Honnefs Typ eines fünfrädrigenWindkraftwerkes, in dessen Fuß eine Kongresshalle und in dessen Kopf Restaurants und Aussichtsplattformen vorgesehen waren. Das untere Bild zeigt die Art des Schutzmechanismus den er vorsah, die Windräder bei Sturm oder ähnlicher Witterung vor zu starkem Winddruck zu schützen, indem der komplette, tonnenschwere Turmaufbau über ein großes Wälzlager hätte gekippt werden sollen, um so weniger Angriffsfläche zu bieten. Verglichen mit der Skyline einer fiktiven Grußstadt im Bildhintergrund der oberen Abbildung werden hier die Dimensionen deutlich, in denen Honnef dachte, so sollte der Durchmesser allein des Felgenrings, der die einzelnen Rotorblätter trug, 60 Meter betragen. Betrachtet man diese Entwürfe aus heutiger Sicht, so ist kaum nachzuvollziehen, dass dergestalt utopische Vorlagen überhaupt eine derartige Beachtung erfuhren. Auch Mathias Heymann verweist hier auf die „Phantastik" und „Willkür"[22] der Entwürfe, die lediglich durch eine Fassade von sachlicher Sprache, Detailreichtum und dem Mantel einer großen Persönlichkeit Honnefs umgeben war, dennoch aber ein so fern der Realität seiendes Bild erzeugte, dass sich ein solches Konzept nie durchsetzen konnte, geschweige denn hätte realisiert werden können.

---

[20] Ebd., S.169
[21] Heymann, M. Die Geschichte der Windenergienutzung, S. 170 + 172
[22] Ebd., S.177

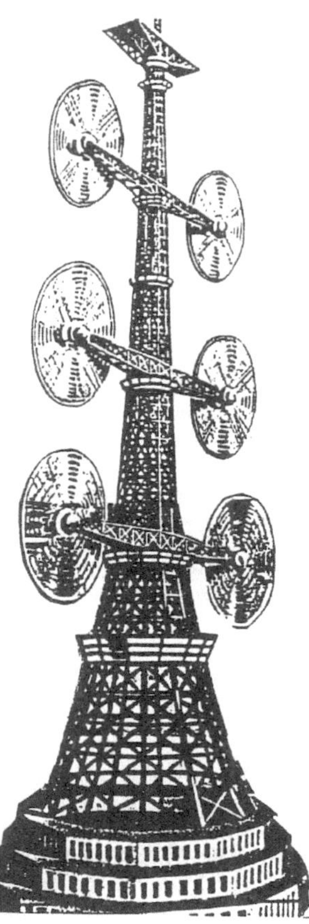



Durch eben diese phantastischen Ideen inspiriert befassten sich noch weitere Wissenschaftler, Ingenieure und Erfinder mit Entwürfen von Windkraftwerken[23]; Namen wie Honnef selbst, sowie Van Heys, Scheller, Burkowitz, Keppler und Teubner sind es, die einem durch die gesamte Entwicklungsgeschichte immer wieder begegnen. Zu erwähnen sei noch ein Entwurf des so genannten „Hochturmsyndikates"[24], einer Vereinigung, die unter dem Direktor der Firma Krupp mit Namen Schulthes gegründet worden sein soll. Dieses Syndikat plante den abgebildeten[25] „540 Meter hohen Turm mit Auslegern in 216 Metern, 321 Metern, 426 Metern und 540 Metern Höhe, die jeweils [...] Windräder mit 80 oder 100 Meter Durchmesser tragen sollten."[26] Die Statik war durch einen Fachmann für Baustatik, Professor Hertwig, berechnet worden und galt als realisierbar. Verworfen wurde das Konzept schließlich am 21.12.1933 wegen der immens hohen Kosten und aufgrund seiner, laut RVM, von der Größe mal abgesehen, wissenschaftlichen Bedeutungslosigkeit.

---

[23] Ebd.,S.185
[24] Ebd. S. 186
[25] a.a.O.
[26] a.a.O.

2.4 <u>Windkraftanlagen heute</u>

In den 60er Jahren hatte die Windkraftforschung, als Resultat vieler gescheiterter Utopien, ineffizienter Konzepte, erlebter Materialschwierigkeiten, stockender Forschung und, letzten Endes aufgrund des niedrigen Ölpreises und der billigen Importkohle der 50er Jahre, ihre nächste Zäsur seit dem Ende der mechanischen Windkraftnutzung erreicht. Finanzielle Mittel flossen vor allem in die Atomforschung, dem erhofften Energieträger der Zukunft – Windkraft hatte sich jahrzehntelang mit zu vielen Schwierigkeiten behaftet dargestellt. Der Energiemarkt war weitgehend saturiert, eine Notwendigkeit, dringend weitere Energieversorgungsmöglichkeiten zu entwickeln, schien nicht gegeben.[27]

Mit Beginn der Ölkrisen und der Debatte um die Atomenergie bzw. sogar den Ausstieg aus der Atomenergie im Zuge der 70er und 80er Jahre änderte sich dieses Bewusstsein dramatisch.

Für die heute in Deutschland bekannten Windkraftanlagen war die Ölkrise letzten Endes maßgebend. Diese war der Zündfunke für das dänische Windenergieforschungsprogramm, in dessen Zuge 1974 zwei Typen Windkraftanlage entwickelt wurden, die als Vorlage für die uns heute geläufigen gelten. „Nach Studienbesuchen in den USA und in Schweden wählten die Projektleiter" für ihre Anlagen „das einfachste und am wenigsten problematischen (sic!) Gedser-Konzept mit Stall-Regelung[28] für die erste Anlage" (NIBE A) „und mit Pitch-Regelung[29] für die zweite Anlage"[30] (NIBE B). Die auf diese Weise als Vergleichsanlage konzipierten und errichteten NIBE Zwillinge wurden 1979 / 1980 in Betrieb genommen, wiesen eine Turmhöhe von 45m, einen Rotordurchmesser von 40m und eine Nennleistung von 630 Kilowatt bei 13 m/s Windgeschwindigkeit auf. „Bis zur Stilllegung 1988 hatte die pitch-geregelte NIBE B das insgesamt bessere Betriebsverhalten gezeigt."[31] Die folgende Abbildung zeigt die NIBE Zwillinge, auch wenn sie technisch gesehen eben dies nicht sind, im Vergleich.

---

[27] Vergleiche Heymann, M., Die Geschichte der Windenergienutzung, S. 337f &
Wikipedia „Windenergienanlagen" 1.0 „Geschichte der Windenergieanlagen"
[28] Automatisch ansprechende Drehzahl- und Leistungsregelung von Windkraftanlagen mit starr befestigten, nicht drehbaren Flügeln und konstanter Drehzahl; bei zu großen Windgeschwindigkeiten führt ein ungünstiger Einfallswinkel des effektiven Luftstroms zu einem Strömungsabriss und verminderter Energieumsetzung, Vgl. Heymann, M., S. 473
[29] Drehzahl- und Leistungsregelung einer Windkraftanlage durch gezielte Einstellung des Einstellwinkels der drehbaren Rotorenblätter, Vgl. Heymann, M., S. 473
[30] Ebd., S. 358
[31] Ebd., S. 360

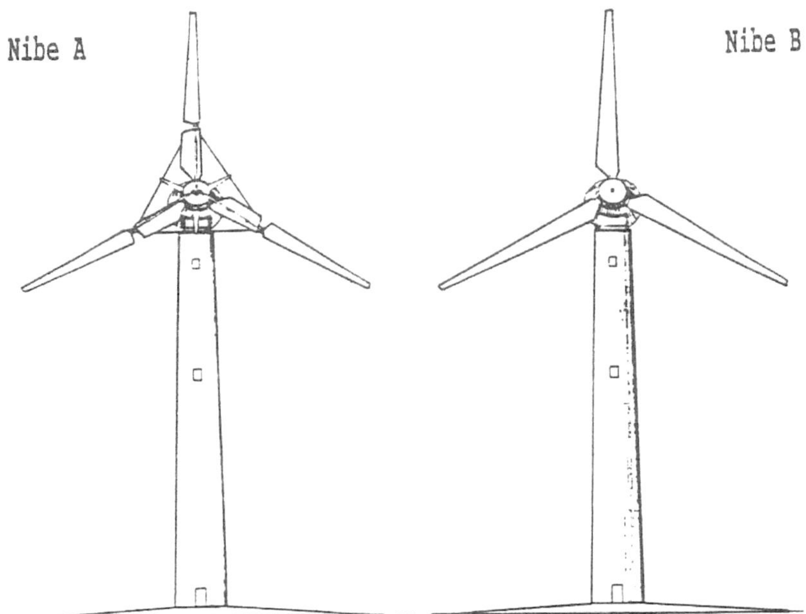



*Abbildung 26:* "Nibe-Zwillinge" mit je 630 kW Leistung bei Nibe in Jütland (nach Handelsministeriets og Elvaerkernes Vindkraftprogram, S. 7).

32

Anfang der 1980er Jahre setzte sich das dänische Konzept bei Windenergieanlagen durch. Im Gegensatz zu vielen anderen Versuchsanlagen, wie beispielsweise der deutschen GROWIAN[33], abgekürzt für „Große Windanlage", setzte man hier auf eine einfache Konstruktion mit der heute allgemein üblichen horizontalen Rotationsachse und drei Rotorblättern, um so robuste Anlagen zu erhalten, deren Größe erst nach und nach immer weiter anstieg." Der Dreiblattrotor ist schwingungstechnisch wesentlich einfacher zu handhaben als der Ein- oder Zweiblattrotor, bietet aber noch nicht den Nachteil, dass sich hier die Blattströmungen gegenseitig beeinflussen. „In Dänemark wurden also damals die Grundlagen für die moderne Windenergienutzung gelegt."[34]

---

[32] Ebd.,S. 359.

[33] Vgl. Wikipedia – „GROWIAN"
[34] Vgl. Wikipedia - Windenergieanlage

**3.0 Aufbau und Funktion einer modernen Windkraftanlage**

3.1 <u>Hauptbaugruppen und deren Funktion</u>

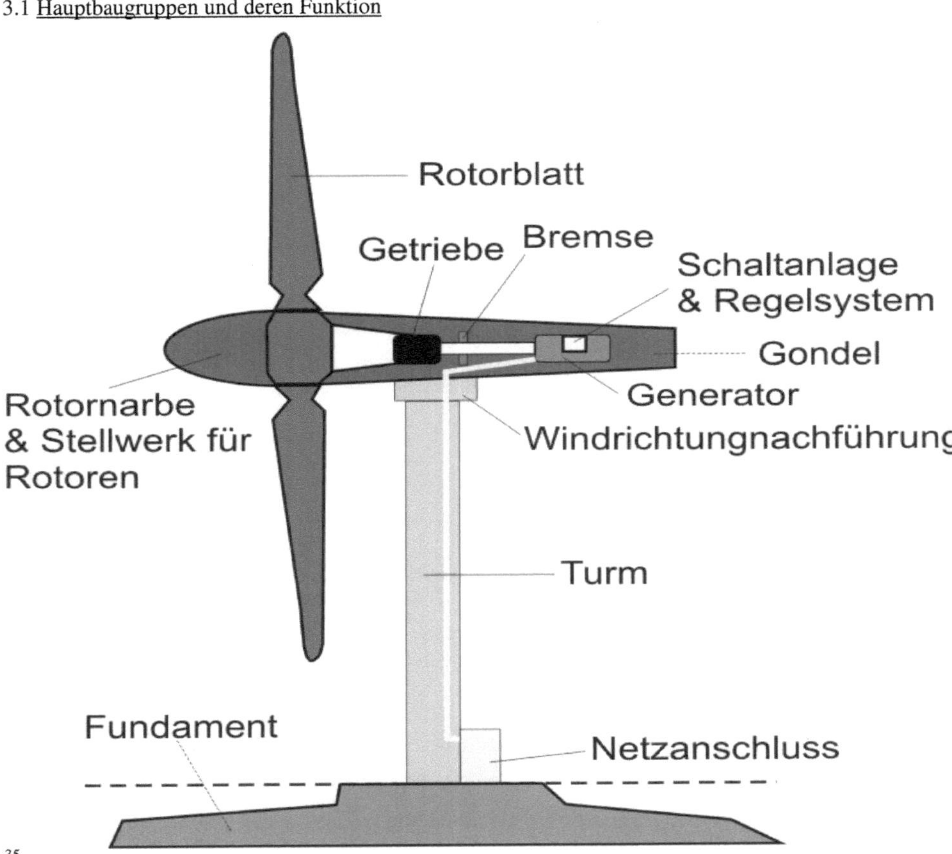


35

Da die meisten Windenergieanlagen mittlerweile mit horizontaler Rotationsachse gebaut werden, beschränken sich die folgenden Beschreibungen auf den hier im Schema dargestellten Typus Windkraftanlage. Hauptsächlich besteht die Windkraftanlage aus zwei Elementen, dem Turm und der Maschinengondel. Sieht man heutzutage noch vereinzelt die Variante eines Turms aus Stahlgerüst, auch Stahlfachwerk genannt, so hat sich der wartungsfreundlichere, witterungsdichtere und statisch festere, hohle Rundturm aus Beton oder Stahlsegmenten durchgesetzt.

Der Turm, montiert auf einem Fundament, erfüllt zwei Aufgaben:

---

<sup>35</sup> Grafik: Wikipedia, Windenergieanlage

Einerseits ist er der Träger für die meist über 100 Tonnen schwere Gondel samt ihrer Anbauteile und gleicht deren Schwingungen aus, zweitens ist er ein Schutzmechanismus für die in seinem Inneren verlaufenden  Kabel, welche die erzeugte elektrische Energie zum Netzanschluss leiten. Bezüglich dieser Kabel gibt es eine Besonderheit, die an dieser Stelle nicht unerwähnt bleiben darf. Sieht man ab und an, vor allem in Windparks, eine Windkraftanlage, welche scheinbar zusammenhanglos und im Kontrast zu ihren Nachbaranlagen, den Rotor stillstehend in eine falsche Windrichtung gerichtet hat, so liegt dies an einer Schutzeinrichtung, die ein Verdrillen der Kabel verhindert. Dreht sich die Gondel zu oft in eine Richtung um die eigene Achse, meist liegt das Limit hier bei 3 bis 4 Umdrehungen in eine Richtung, so besteht die Gefahr, dass die Kabel im Innern des Turmes verkürzen, ähnlich wie wenn man ein Seil verdreht, die Länge verringert sich auch hier. Um dies zu verhindern, stoppt die Anlage und entwirrt den Kabelstrang wieder in eine neutrale Position, bevor sie den Betrieb wieder aufnimmt – eine solche Umdrehung kann 10-20 Minuten dauern, je nach Anlagentyp, doch mehr zu diesem Vorgang später. In großen Anlagen birgt der Turm zudem Einrichtungen wie Aufstiegsleitern, Materialwinden und sogar Personenaufzüge.

Zur Beschreibung der weiteren Baugruppen:

Das Fundament der Windkraftanlage:

Hier unterscheidet man im Allgemeinen zwischen fünf Varianten:

- „Beim Tellerfundament bildet ein großer Stahlbetonteller den Fuß der Anlage. Er befindet sich unter einer Erdschicht und ist eine der am häufigsten angewandten Fundamentvarianten.
- Bei einer Pfahlgründung werden die Fundamentplatten (Tellerfundamente) mit Pfählen im Erdboden verankert.
- Tripod (offshore) Die Anlage wird auf einen dreibeinigen Fuß gestellt.
- Monopile (offshore, pile: englisch für Pfahl, Pfosten) Dabei wird ein einzelner Mast im Erd- bzw. Seeboden versenkt.
- Schwerkraftfundamente (offshore) werden beispielsweise in der Form von großen Betongewichten auf dem Seeboden abgelegt, die so schwer und stabil sind, um die Kräfte der WEA ohne weitere Verankerungen am Seeboden aufzunehmen."[36]

Auf dem Fundament verankert bzw. auf ihm montiert befindet sich der bereits beschriebene Turm mit der darauf mittels eines Azimuthlagers montierten Gondel. Damit

---

[36] Wikipedia, Windenergieanlage

die horizontale Rotorachse der Windrichtung nachgeführt werden kann, muss diese drehbar sein. Die Windrichtung wird mittels eines Windrichtungsgebers ermittelt und die Gondel schließlich mittels elektrischer Servostellmotoren in die entsprechende Richtung geführt. Die zweite Aufgabe dieser Kombination aus Lager und Stellmotor ist die bereits erwähnte Kabelstrangentwirrung.

Von Außen sieht man an der Frontseite der Gondel das sicherlich markanteste Element der Windkraftanlage, den Rotor, bestehend aus der Nabe und drei Rotorblättern mit Pitchregelung. Der Rotor entnimmt dem Wind die Energie und führt diese dem Generator über ein eventuelles Getriebe und eine Bremse zu. Die Einheit von Nabe, Getriebe, Bremse und Generator bildet den Maschinenstrang. Moderne Windkraftanlagen sind so genannte Auftriebsläufer, das heißt, der Winddruck stemmt sich nicht gegen die Rotorblattfläche, wie beispielsweise bei einem Propeller oder Ventilator, sondern die Blätter werden, bedingt durch ihr aerodynamisches Profil, also einer Sog- und einer Druckseite jedes Rotorblattes, ähnlich wie bei Flugzeugen, durch einen Auftriebseffekt angetrieben, der in eine Rotation umgesetzt wird. Durch Veränderung des Anstellwinkels der Rotorblätter an der Nabe kann dieser Auftriebseffekt verstärkt oder vermindert werden und so der Windgeschwindigkeit angepasst werden. „Moderne Rotorblätter bestehen aus glasfaserverstärktem Kunststoff"[37] und sind im Inneren weitgehend hohl, lediglich mit Verstrebungen verstärkt und meist mit einer Heizeinrichtung ausgerüstet um Vereisungen, die Unwuchten durch Gewichtsveränderungen hervorrufen könnten, ausgestattet. Im Maschinenstrang befindet sich ein weiteres essentielles Bauteil, der Generator. Generatorentypen gibt es bedarfsabhängig in mehreren Leistungsstufen und Varianten, sei es nun mit konstanter, stufiger oder stufenlos verstellbarer Drehzahl oder optimiert für eine bestimmte lokale Windgeschwindigkeit. Einige Generatoren können sogar 1:1 mit der Drehzahl des Rotors betrieben werden, sodass hier ein Getriebe entfallen kann. Ist dies nicht der Fall, so muss ein solches Getriebe zwischengeschaltet werden, um die Drehzahl des Rotors auf die Erfordernisse des Generators zu übersetzen. Die mechanische Bremse dient dazu, den Rotor anzuhalten. Ihre geforderte Leistungsfähigkeit hängt von der Art der Rotorblattsteuerung ab – da es möglich ist, den Auftriebseffekt bei Pitchregelung weitgehend abzuschalten bzw. bei modernen Anlagen sogar umzudrehen, kann die Bremse bei diesen Systemen sehr klein aus- oder wegfallen. Der Wegfall ist meist jedoch dadurch nicht gegeben, dass in Deutschland alle Systeme mit zwei unabhängigen Bremsen ausgestattet sein müssen. Das Funktionsprinzip der

---

[37] vgl. Wikipedia, Windenergieanlagen.

Windkraftanlage ist jedoch auch heute noch das gleiche geblieben, nämlich das die Energie des Windes durch einen Rotor als kinetische Energie entnommen, an einen Generator übertragen und hier in elektrische Energie umgewandelt wird, gemäß des dynamoelektrischen Prinzips.

## 3.2 Besonderheiten und Probleme

Mit der zunehmenden Zahl der Windkraftanlagen in Deutschland und dem steigenden Umweltschutzbewusstsein sowie der gleichzeitig steigenden Zahl bebauter Fläche stellen sich heute noch weitere Anforderungen an eine Windkraftanlage:

Sie sollte umweltverträglich sein, geräuscharm laufen und keinen optischen Einfluss auf Wohngebiete nehmen, sei es durch Schattenwurf oder Lichtreflexionen.

Bezüglich des Umweltschutzes zeigen sich in Deutschland mehrere Probleme; mancher ist der Meinung, Windkraftanlagen seien dem Landschaftsbild an sich abträglich, doch abgesehen von diesem subjektivem Empfinden gibt es doch Untersuchungen, die belegen, dass gerade im Frühling und Herbst, zur Zeit der Zugvögelflüge, vermehrt tote Tiere in der Nähe der Windkraftanlagen gefunden werden[38] - eine Tatsache, die zur Zeit nicht behoben werden kann. Ebenso nicht behoben werden konnte bis jetzt die Tatsache des Verbrauchs von Landschaftsfläche an sich, da jede einmal genehmigte Anlage in Deutschland so genannten Bestandsschutz genießt.[39] Bezüglich der Probleme der Geräuschentwicklung haben Hersteller mittlerweile die Möglichkeit in ihre wohngebietsnah stehenden Anlagen integriert, diese zu „lärmsensiblen Zeiten, beispielsweise nachts" in einem „schallreduzierten Betrieb"[40] laufen zu lassen, hierzu wird der Rotor mit niedrigerer Geschwindigkeit betrieben, sodass die Rotorblattspitzen weniger Schallwellen erzeugen – ein Effekt, der eine Ertragsminderung mit sich bringt. Eine ähnliche Ertragsminderung muss der Betreiber bezüglich der Schattenwurfregelung hinnehmen. Besteht die Gefahr, dass eine wohngebietsnahe Anlage witterungsbedingt einen unerwünschten Schatten wirft, kann diese so ausgerüstet werden, dass sie rechtzeitig abschaltet und sich entsprechend wegdreht. Einzig und allein Lichtreflexionen, der so genannte „Discoeffekt"[41] können ohne Einbussen durch nichtreflektierende Farbanstriche vermieden werden.

---

[38] vgl. Goerke, B., Zukunft der Windenergie in Schleswig-Holstein
[39] vgl. Wikipedia, Windenergieanlagen.
[40] Vgl. Ebd.
[41] Vgl. Ebd.

## 4.0 Zukunftsperspektiven und Fazit.

Die politische Diskussion um den Ausstieg aus der Atomenergie, der allgemein steigende Energiebedarf[42] sowie die Beispiele verheerender Auswirkungen großflächiger Stromausfälle wie jüngst in den USA zwingen Deutschland und Europa zum Handeln, zum weiteren Forschen nach und Ausweichen auf alternative, vor allem erneuerbare Energien. Witterungsbedingt ist die Solartechnik in Nord- und Mitteleuropa mit dem derzeitigen Stand der Technik nicht ausreichend konkurrenzfähig, die landgestützten Windkraftanlagentechnik trotz exponentiellen Wachstums absehbar nicht ausreichend. Derzeit setzt man im Bereich der Windkraftnutzung auf küstenvorgelagerte Windparks, die Offshoretechnik. „Um die erheblich stärkeren Winde auf See nutzen zu können, wird in Deutschland vermehrt die Errichtung von Windparks auf dem offenen Meer, […] geplant. In anderen europäischen Ländern (Dänemark, Schweden, England...) sind sie bereits realisiert. Auch hier werden Bedenken vorgetragen; befürchtet werden beispielsweise Kollisionen mit vom Kurs abgekommenen Schiffen und eine Beeinträchtigung der Meeresökologie (vornehmlich durch Geräuschentwicklung unter Wasser während des Fundamentbaus). Hinzu kommt, dass die Entfernung zu den Abnehmern länger ist als bei den Anlagen an Land und zudem neu verkabelt werden muss. Dies könnte zu Baumaßnahmen im Wattenmeer führen, […] [welches] fast komplett als Biosphärenreservat und Nationalpark (wichtiges Gesetz hier: Eingriffsregelung) ausgewiesen ist. Die langen Leitungswege führen zudem zu einem Transportverlust von Energie, so dass die Energieausbeute aus den Anlagen sinkt."[43]
Die Entwicklung der Windenergieanlagentechnik hat sich vergleichsweise nur sehr langsam entwickelt und ist an Grenzen gebunden, die nicht beeinflussbar sind: Die natürliche Thermodynamik. Mit Windkraftanlagen der nächsten Generation aus Carbon und Kohlefaserwerkstoffen lässt sich die Ausbeute sicherlich noch einmal steigern, doch Windkraft wird bei aller Verbesserung immer ein zusätzlicher Energieträger bleiben, nie die dominierende Größe.[44]

---

[42] vgl. Goerke, B., Zukunft der Windenergie in Schleswig-Holstein
[43] Wikipedia, Windenergieanlagen
[44] vgl. Goerke, B., Zukunft der Windenergie in Schleswig-Holtstein

## Literaturverzeichnis:


**Heymann, Matthias**

**Die Geschichte der Windenergienutzung**

1890-1990

Campus Verlag

Frankfurt/Main; New York 1995


**Franck, N. / Stary, J.:**

(Herausgeber)

**Die Technik wissenschaftlichen Arbeitens.**

Eine praktische Anleitung.

11. überarbeitete Auflage.

Paderborn 2003.


**Goerke, B.**

In:

**Zukunft der Windenergie in Schleswig-Holstein**

Bundeslandsinformations-Website

URL:  http://www.schleswig-

holstein.de/artikel/1,3327,JGl0ZW09MzkxMDE0NCQ_,0

0.html

(Ablesedatum 28.01.2005)


**Deutsche Energie Agentur**

In:

**Artikel zum Thema Windenergie**

Wissenskatalog Energie

2005

URL:

http://www.thema-

energie.de/category/show_category.cfm?cid=21

(Ablesedatum 29.01.2005)


**Wikipedia**

In

**Windenergieanlage**

Wikipedia – Die freie Enzyklopädie

2005

URL:

http://de.wikipedia.org/wiki/Windenergieanlage

(Ablesedatum 20.01.2005)

**Wikipedia**        **Wind**

In              Wikipedia – Die freie Enzyklopädie

                2005

                URL:

                http://de.wikipedia.org/wiki/Wind

                (Ablesedatum 17.01.2005)


**Wikipedia**        **Kraft**

In              Wikipedia – Die freie Enzyklopädie

                2005

                URL:

                http://de.wikipedia.org/wiki/Kraft

                (Ablesedatum 28.01.2005)


**Wikipedia**        **Energie**

In              Wikipedia – Die freie Enzyklopädie

                2005

                URL:

                http://de.wikipedia.org/wiki/Agression

                (Ablesedatum 28.01.2005)


**Wikipedia**        **Anlage**

In              Wikipedia – Die freie Enzyklopädie

                2005

                URL:

                http://de.wikipedia.org/wiki/Anlage

                (Ablesedatum 28.01.2005)